WIENER KLINISCHE WOCHENSCHRIFT

Begründet von Hofrat Prof. H. v. Bamberger.

ORGAN DER GESELLSCHAFT DER AERZTE IN WIEN

Schriftleitung: Prof. Dr. J. Kyrle in Wien.

38. Jahrgang.

Die „Wiener klinische Wochenschrift" gibt die an den Kliniken und Instituten Österreichs und der Nachfolgestaaten geleistete Arbeit in ihren Hauptergebnissen wieder und macht sie allen ärztlichen Berufsgruppen zugänglich. Als Organ der Gesellschaft der Ärzte in Wien, jener ob ihrer reichen Traditionen in allen Ländern der Welt bekannten und geachteten wissenschaftlichen Vereinigung, berichtet die Wochenschrift über die Tätigkeit der Gesellschaft, in der sich alle medizinischen Ereignisse widerspiegeln. Die „Wiener klinische Wochenschrift" bietet durch Originalaufsätze und Abdruck von wichtigen Vorträgen sowohl dem Praktiker als auch dem Theoretiker eine Orientierung in den verschiedensten Zweigen des medizinischen Wissens.

Das reichhaltige Material ist in folgende ständige Gruppen zusammengefaßt: Klinische Vorträge, Originalien, Verhandlungen ärztlicher Gesellschaften und Kongreßberichte, öffentliches Gesundheitswesen, gerichtliche Medizin, Aus Archiven und Zeitschriften, Buchbesprechungen und -Anzeigen, sozialärztliche Mitteilungen, Mitteilungen aus den Hochschulen usw.

Die „Wiener klinische Wochenschrift" veröffentlicht ferner seit dem 1. April 1924 in zwangloser Folge die wichtigsten Vorträge aus den Fortbildungskursen der Wiener medizinischen Fakultät, **die den Abonnenten als Beilage kostenlos mitgeliefert werden.** (Näheres über die bisher veröffentlichten Vorträge siehe auf beiliegendem Blatt.)

Die „Wiener klinische Wochenschrift" bietet ihren Abonnenten eine weitere Vergünstigung insofern, als **die Bezieher die im Verlag von Julius Springer in Berlin erscheinende „Klinische Wochenschrift" zu einem dem allgemeinen Bezugspreise gegenüber um 20 % ermäßigten Vorzugspreis beziehen können.**

Ferner stehen den Abonnenten der „Wiener klinischen Wochenschrift" sämtliche bisher erschienenen und auch weiterhin zur Ausgabe gelangenden „Abhandlungen aus dem Gesamtgebiet der Medizin" zu einem um 10 % ermäßigten Vorzugspreis zur Verfügung. (Siehe auch Verzeichnis der bisher erschienenen Bände auf der 4. Umschlagseite.)

ISBN 978-3-7091-5189-1 ISBN 978-3-7091-5337-6 (eBook)
DOI 10.1007/978-3-7091-5337-6

AUS DEN FORTBILDUNGSKURSEN DER WIENER MEDIZINISCHEN FAKULTÄT

In Buchform sind bisher erschienen:

Über Wasserhaushalt, Diurese und Diuretica. Von Professor Dr. **E. P. Pick.** Heft 1.

Klinik der Diurese. Von Dozent Dr. **Rudolf Fleckseder.** Heft 2.

Zur Kropffrage. Von Prof. Dr. **Julius Wagner-Jauregg.** Heft 3.

Die Bedeutung der Physiologie und Pathologie des Zwerchfells für die Untersuchung am Krankenbett. Von Doktor **Karl Hitzenberger.** Heft 4.

Die Diagnose der beginnenden Lungentuberkulose. Von Professor Dr. **Wilhelm Neumann.** Heft 5.

Über den Phosphatstoffwechsel und seine Störungen im menschlichen Organismus. Von Privatdozent Dr. **Herbert Elias.** Heft 6.

Neueres über die Anatomie und Physiologie des Mittelhirns, Zwischenhirns und der Stammganglien. Von Professor **C. v. Economo.** Heft 7.

Traumen des Ohres. Von Privatdozent Dr. **Ignaz Hofer.** Heft 8.

Die chirurgische Behandlung der Angina pectoris. Von Privatdozent Dr. **Gustav Hofer.** Heft 9.

Erkrankungen des Gehörorganes im Verlaufe von Infektionskrankheiten. Von Dozent Dr. **Ernst Urbantschitsch.** Heft 10.

Über Endometritis, Metritis, hypertrophische und hyperplastische Zustände des Corpus uteri. Von Prof. Dr. **L. Adler.** Heft 11.

Über die neueren Anwendungsformen des Novokains in der Chirurgie. Von Dr. **Felix Mandl.** Heft 12.

Pathologie und Therapie der weiblichen Sterilität. Von Privatdozent Dr. **Josef Novak.** Heft 13.

Über Ileus. Von Dr. **L. Schönbauer.** Heft 14.

Die Zange von Christian Kielland. Von Dr. **Hans Heidler.** Heft 15.

Die chirurgische Behandlung der Nephrolithiasis. Von Dozent Dr. **Rudolf Paschkis.** Heft 16.

Die Differenzierung der Blutzellen. Von Dr. **Gottfried Holler.** Heft 17.

Über das Kropfproblem. Von Dozent Dr. **Burghard Breitner.** Heft 18.

Neuere Anschauungen in der allgemeinen Pathologie und ihr Einfluß auf die Tätigkeit des Chirurgen. Von Professor Dr. **Julius Schnitzler.** Heft 19.

Klimakterische Beschwerden. Von Dozent Dr. **Erwin Graff.** Heft 20.

Über Darmspasmen. Von Dr. **Hans Steindl.** Heft 21.

Die Lageveränderungen der Gebärmutter. Von Dozent Dr. **Julius Richter.** Heft 22.

Die Behandlung der entzündlichen Erkrankungen des weiblichen Genitale. Von Prof. Dr. **Constantin Bucura.** Heft 23.

Über Wassersucht und ihre Behandlung. Von Dozent Dr. **Paul Saxl.** Heft 24.

Behandlung des Ekzems. Von Prof. Dr. **Gabor Nobl.** Heft 25.

Die Totenbeschau. Von Prof. Dr. **Albin Haberda.** Heft 26.

Über die Typhusdiagnose. Von Prof. Dr. **Friedrich Kovács.** Heft 27.

Die medikamentöse Behandlung des Puerperalfiebers. Von Prof. Dr. **Hans Thaler.** Heft 28.

Chronische nichttuberkulöse Atmungserkrankungen im Kindesalter. Von Privatdozent Dr. **Richard Lederer.** Heft 29.

Dringliche Diagnosen in der Augenheilkunde. Von Prof. Doktor **Friedrich Dimmer.** Heft 30.

Extrauteringravidität. Von Dozent Dr. **Josef Schiffmann.** Heft 31.

Die Indikationen zur chirurgischen Behandlung von Lungenerkrankungen. Von Prof. Dr. **Hermann Schlesinger.** Heft 32.

Über sogenannte chronische Appendizitis. Von Prof. Dr. **Julius Schnitzler.** Heft 33.

Über besondere Exantheme und Erytheme im Kindesalter (mit Ausschluß der akuten Exantheme). Von Prof. Dr. **Carl Leiner.** Heft 34.

Die Geburtsschädigungen des kindlichen Zentralnervensystems. Von Privatdozent Dr. **Rudolf Neurath.** Heft. 35.

In Vorbereitung:

Neuere Rachitisfragen. Von Dr. *Hans Wimberger.*

Tuberkulindiagnostik und -Therapie. Von Privatdozent Dr. *Herbert Koch.*

Infektiöse Erkrankungen der Mundhöhle beim Säugling. Von Primararzt Dozent Dr. *Max Zarfl.*

Augenbeschwerden im Kindesalter durch wirkliche und scheinbare Refraktionsfehler. Von Prof. Dr. *Viktor Hanke.*

Die Aufzucht der frühgeborenen und lebensschwachen Kinder. Von Prof. Dr. *August Reuß.*

Die Preise der einzelnen Hefte schwanken je nach dem Umfange zwischen Kronen 5000 und 15.000, d. i. Gm. 0.25 und 0.90, Dollar 0.07 und 0.20.

DIE GEBURTSSCHÄDIGUNGEN DES KINDLICHEN ZENTRALNERVENSYSTEMS

VON

PRIVATDOZENT DR. RUDOLF NEURATH

Vor mehr als 80 Jahren hielt Little, ein orthopädischer Chirurg, in der Londoner geburtshilflichen Gesellschaft einen Vortrag über den Einfluß der abnormen Geburt, ihren erschwerten und vorzeitigen Verlauf, und der Asphyxie der Neugeborenen auf die geistige und physische Entwicklung der Kinder und erklärte für die Majorität der Fälle von angeborener allgemeiner Starre das Geburtstrauma als Ursache. Er wollte mit dieser Erkenntnis die Geburtshelfer zur Meinungsäußerung veranlassen, doch kam die Diskussion zunächst nicht in Fluß. Erst 1885 teilte Sarah Mc Nutt mit, sie hätte bei 10 Kindern, die bei der Geburt oder bald darnach gestorben waren, die Asphyxie, Stupor, Lähmungen, Rigidität, Krämpfe gezeigt hatten, ausgedehnte Hämorrhagien ober- oder unterhalb des Tentorium cerebelli gefunden. Später bestätigte Gowers solche Erfahrungen durch seine eigenen und bezeichnete derartige Fälle als infantile, meningeale Hämorrhagien. Sarah Mc Nutt zollte er das Verdienst: „It is far the most valuable contribution to the medical science, that the profession has yet received from members of her sex.“

In der Folgezeit wurde die Littlesche Ätiologie von der Mehrzahl der Forscher, die sich mit den Ursachen der angeborenen, zerebralen Lähmungen befaßten — ich will Sie nicht durch Literaturangaben ermüden — akzeptiert, doch war auch die Zahl der vorsichtigen Skeptiker, die gegen die mancherseits zum Dogma erhobenen ursächlichen Momente Littles Einwendungen brachten, nicht gering. Es wurde mit Recht auf die Unzuverlässigkeit der Anamnese bezüglich Geburtstrauma hingewiesen, auf das Kausalitätsbedürfnis der Eltern, auf das dauernd restlose Verschwinden aller Krankheitszeichen, falls solche vorhanden waren, nach schweren instrumentellen oder spontanen Entbindungen, auf das Vorkommen angeborener, allgemeiner Starre bei Fehlen der Littleschen Momente, endlich auf die Möglichkeit angeborener Hirndefekte, die die Asphyxie zur Folge hätten.

Es wird sich empfehlen, uns in erster Linie mit den geburtstraumatischen Schädigungen des kindlichen Zentralnervensystems vom Standpunkt des Kinderarztes zu befassen.

Seit langer Zeit ist das Vorkommen intrakranieller Blutungen beim Neugeborenen als Folge des Geburtstraumas bekannt, ihre Häufigkeit wird verschieden hoch bewertet. In erster Linie haben die traumatischen Begleiterscheinungen instrumenteller, aber auch die protrahierter Geburten das Interesse auf sich gelenkt, bald aber gewann die Erfahrung, daß solche Komplikationen auch bei Spontangeburten keine Seltenheiten sind, an Boden.

Die Häufigkeit intrakranieller Hämorrhagien beim Neugeborenen ist eine sehr große, wenn anatomische Erfahrungen als Maßstab genommen werden, die ihr Vorkommen als viel häufiger erkennen lassen, als klinische Symptome anzudeuten pflegen. Diese sind ja seitens des noch unvollständig entwickelten Zentralnervensystems des Neugeborenen mit einer zur Diagnose hinreichenden Prägnanz nur in schwereren Fällen zu erwarten. Couvelaire fand bei 51 Autopsien intra partum verstorbener Kinder 11 mal Blutungen, und zwar 5 mal intrazerebrale, 6 mal intramedulläre, und im allgemeinen bei Frühgeburten das Gehirn, bei reif Geborenen das Rückenmark als Hauptsitz der Blutungen. Cruveilhier sah bei einem Drittel aller Totgeborenen, Friedleben bei 33·9% aller Kinder bis zum 35. Lebenstag intrakranielle Hämorrhagien. An größerem oder kleinerem anatomischen Material gewonnene Ergebnisse von Doehle, Weyhe, Hedrén, Kowitz, Cruickshank u. a. schwanken zwischen 9% bis zu 88%; an Hand von Lumbalpunktionsresultaten bei lebenden Neugeborenen kommt Sharpe zu einem Häufigkeitsprozent von 9. Im Gegensatz zu anderen Untersuchern (Yllpö) fand Cruickshank die Frühgeborenen günstiger gestellt.

Die Lokalisation der intrakraniellen Blutungen zeigt beim Neugeborenen nur ausnahmsweise Ergüsse in die Hirnsubstanz, häufiger solche in die Ventrikel, isoliert oder in Kombination mit anderwärtig lokalisierten Blutungen, in der Regel sind es meningeale Hämorrhagien. Diese lassen sich nach Kundrat in subarachnoidale und subdurale unterscheiden. Die ersteren sind ziemlich häufig, aber von geringer Ausdehnung; am wichtigsten sind die subduralen Ergüsse. Sie sind auseinander zu halten von den bei Erwachsenen häufigeren epiduralen Blutungen, deren Zustandekommen (Kephalhämatoma internum) bei Neugeborenen das straffe Anliegen der Dura am Knochen erschwert. Bei älteren französischen Autoren findet sich im Gegensatz zu unseren Erfahrungen eine hauptsächlichere Betonung der Hirnsubstanzblutungen gegenüber den meningealen.

Durch Läsion des Tentorium cerebelli, worauf als einer der ersten Beneke hingewiesen hat, entstehen nicht zu selten Blutungen von oft fataler Bedeutung. Das straff durch die Schädelhöhle verlaufende Tentorium reißt infolge Plattdrückens des Schädels von Schläfe zu Schläfe ein, falls dadurch die Dehnung der Falx zu groß wird. Beneke fand unter 101 Sektionen Neugeborener 14 mal, später unter 15 Fällen 6 mal, Leop. Meyer unter 1200 Geburten, davon 64 Sektionsfällen, 28 mal Tentoriumverletzungen. Man kann drei Grade der Tentoriumrisse unterscheiden. Blutungen zwischen die beiden Blätter, Risse in der Fläche der oberen Tentoriumplatte und Querrisse durch die freie Tentoriumkante, diese sehr oft doppelseitig. Diese Tentoriumverletzungen können unter Umständen zur Ausheilung gelangen. Die aus solchen Verletzungen resultierenden Blutergüsse umspülen im Beginn öfter die untere Fläche des Okzipitalhirns, des Temporallappens, Kleinhirn, Oblongata, Rückenmark.

Schließlich wäre noch der Pachymeningitis haemorrhagica interna zu gedenken, traumatischer Subduralblutungen von regressivem Charakter, die Doehle und Weyhe bei 27% aller, im ersten Lebensjahr verstorbenen Kinder gefunden haben. An die primären Blutungen schließen sich organisierende Bindegewebswucherungen an, in die wieder leicht Blutungen stattfinden. Kowitz fand bei 3·9% aller Kinder vom 8. Tag bis zu 2 Jahren die Pachymeningitis haem., der die Kinder teils erlagen, teils infolge des herabgesetzten Widerstandes gegenüber verschiedenen Erkrankungen, den die lädierte Hirnrinde bedingt, minderwertig blieben.

Wenn wir nach den Quellen der Meningealblutungen beim Neugeborenen fragen, so finden wir in der Hauptsache Zerreißungen der in den Sinus longitudinalis mündenden Venen oder des Sinus selbst bei supratentoriellen, während bei infratentoriellen Blutungen Verletzungen des Sinus transversus und seiner Quellen, der Vena cerebri int., der Vena Galeni, der Vena terminalis (Schwartz), des Sinus rectus in Betracht kommen. Außerdem spielen Gewebsverletzungen im Gebiet der Halswirbelsäule, die aufsteigende Ergüsse in die hintere Schädelgrube hervorrufen, in manchen Fällen schwerer Geburt eine Rolle.

Seit Little auf die bekannten Entstehungsursachen der geburtstraumatischen Schädigungen des kindlichen Zentralnervensystems aufmerksam gemacht hat, seit aus den Kreisen der Kinder- und Nervenärzte im besonderen mit Zustimmung, aus dem Lager der Geburtshelfer eher mit Skepsis diese Theorie aufgenommen wurde, mehrten sich die Hinweise auf das Vorkommen intrakranieller Blutungen auch bei normalem, spontanem und kurzem Geburtsverlauf, ja gerade bei sehr kurzer, bei Sturzgeburt; eine kräftige Preßwehe kann entscheidend sein. Die frühere Annahme, daß grobmechanische Momente seitens der mütterlichen Geburtswege, der Druck des Promontoriums, des engen Beckens, oder daß ein großer Kindesschädel auch bei normalen Geburtswegen eine ursächliche Rolle spielen, trifft gewiß für viele Fälle zu. Daß Zangenverletzungen leichterer oder schwererer Art tief greifende Schädigungen verursachen können, beweisen Erfahrungen jeder größeren geburtshilflichen Station. Daß all diese Schadensquellen sich an dem weichen Schädel Frühgeborener mächtiger auswirken, konnte Yllpö deutlich erweisen. Nach Crothers zeigen 88% der Zangen-Frühgeburten Tentoriumrisse, Yllpö bezeichnet Tentoriumrisse bei Frühgeborenen als Seltenheit.

Auf die in ihren Nähten nicht fest verankerten Deckknochen und auf ihre große Verschieblichkeit hat als einer der ersten Kundrat als ursächliches Moment bei der Entstehung der intrakraniellen Geburtsblutungen hingewiesen. Es kommt leicht zur Übereinanderschiebung der Scheitelbeine in der Mittellinie, dadurch wird der Sinus longitudinalis komprimiert, die in ihn einmündenden Venen werden geknickt und zerreißen leicht. Außer in der Mittellinie kann es auch an anderen Nähten zu Verschiebungen und Zerreißungen der in die Sinus mündenden Venen kommen, so können die Scheitelbeine über die Hinterhauptschuppe verschoben werden, wobei der am seitlichen Ende der Lambdanaht gelegene Sinus transversus und die in ihn mündenden Venen zerrissen werden. Bedingung sind harte Knochenränder und breite Interstitialmembranen, während bei weichen Knochen (Frühgeburten) es zur Kompression des ganzen Schädels kommt.

Daß das Geburtstrauma in seinen Wirkungen nicht immer Deckknochen des Schädels und Schädelinhalt in gleichem Maß schädigt, darauf weist Finkelstein hin, er meint, die traumatischen Knochenimpressionen lieben die Gegensätze, entweder sind mit ihnen gleichzeitig schwere Hirnschädigungen gesetzt worden, sodaß der Tod eintritt, oder es bleibt in etwa 50% der Fälle das Gehirn völlig unbeeinflußt.

Daß das Moment der Stauung eine große Rolle in der Genese der Hirnblutungen spielt, eine größere, als die direkte Druckwirkung, betont u. a. besonders Seitz. Das Gehirn als solches ist inkompressibel, beim Fötus wegen des hohen Wassergehaltes weniger kompressibel, als beim Erwachsenen. Die geringe Volumsverminderung des Schädels während der Geburt ist durch Wegdrücken des Liquors und des Blutes zu erklären. Die Spinalhöhle läßt eine geringgradige Erweiterung zu. Durch Vermittlung des Liquors pflanzt sich ein an einer Stelle der Schädeloberfläche applizierter Druck mit gleicher Stärke durch die ganze Schädel- und Rückgratshöhle fort und schützt so das Gehirn, wenigstens bei geringeren Gewalten, vor dem Druck. Die gleichmäßige Druckverteilung erzeugt gesteigerten, allgemeinen Hirndruck im Gegensatz zu lokalen oder Herdsymptomen.

Von manchen Seiten wird ein anderes Moment in den Vordergrund der Pathogenese der Geburtsschädigungen des kindlichen Zentralnervensystems gestellt; so vergleicht Abels die Situation des Kindeskörpers mit der der Caissonarbeiter und weist auf die Druckdifferenz des Uterusinneren zu dem der Atmosphäre hin, auch Sellheim, Seitz, A. Mayer, Yllpö, Jaschke u. a. betonen die Wichtigkeit dieses Faktors. Ph. Schwartz, auf dessen verdienstvolle Untersuchungen ich noch zu sprechen kommen werde, hält mit Recht diese Druckdifferenz für das wichtigste mechanische Moment. Diese „Minderdruckwirkung" im Ansaugungsgebiet, also im Bereich des in den Muttermund eingestellten Kindeskörperteiles führt zur Überfüllung und zur Rhexis der entsprechenden Gefäße. Ist diese Partie, wie in der Mehrzahl der Fälle, ein Scheitelbein, so bildet sich ein Kephalhämatom, unter dem der Anatom eine in den meningealen und zerebralen Partien lokalisierte Stauung und eventuell Blutung finden wird. Immer sind neben der wirkenden Kraft die Stärke des Widerstands, den die „Fruchtwalze" (Sellheim), Aufbau und Festigkeit der dem Druck ausgesetzten Teile unter physiologischen und pathologischen Geburtsverhältnissen zu berücksichtigen. Es sind nicht nur die wirksamen Kräfte und die Plötzlichkeit ihrer Einwirkungen, die Häufigkeit und Grad der geburtstraumatischen Blutungen bestimmen, in hohem Grad kommt auch die Beschaffenheit des dem Druck ausgesetzten Objektes in

Betracht. Bei Frühgeburten gefährdet die Weichheit des Schädels seinen Inhalt, außerdem kommt das Fehlen oder die mangelhafte Ausbildung der elastischen Fasern der Gefäßwände in Betracht. Yllpö sah intrakranielle Blutungen beinahe regelmäßig bei Frühgeborenen mit Geburtsgewicht unter 1000 *g* und nur mit wenigen Ausnahmen zwischen 1000 und 1500 *g*. Während nach Kundrat, Seitz, Beneke, Reuß, die intrakraniellen Hämorrhagien bei reif Geborenen vorzüglich subdurale sind, finden sich bei früh Geborenen offenbar als Folge mangelhafter Entwicklung des Schädels, dessen Ränder noch weich sind, häufiger subarachnoidale und intrapiale an der Konvexität des Gehirns und am Kleinhirn.

Eigene Erfahrungen scheinen schließlich auch dafür zu sprechen, daß überreife Kinder, die nach dem erwarteten Geburtstermin geboren werden, in höherem Maße den Gefahren der Geburt ausgesetzt sind. In einer kleinen Reihe von Fällen epileptischer Zustände, hemiplegischer Bilder, pseudobulbärer Erscheinungen ließ sich Übertragung anamnestisch sicherstellen. Es ist mit einiger Wahrscheinlichkeit eine einer späteren Altersstufe entsprechende, also erhöhte Erregbarkeit des Respirationszentrums anzunehmen, die vorzeitig, also auf einen Reiz, der beim rechtzeitig Geborenen zur Atmungsauslösung nicht hinreichte, die Respiration in Gang kommen läßt, zur Asphyxie führt und in ihrem Gefolge Blutaustritte verursacht (Platzen der Venen durch Stauung).

Was die spinalen Blutungen anbelangt, kommen nach Seitz zwei Typen vor, und zwar die rein spinalen bei freier Schädelhöhle, dazu gehören die extraduralen zwischen Dura und Wirbelkörper, also epidurale, die an Häufigkeit die intraduralen übertreffen, und als Mischformen die kraniospinalen, darunter auch solche, bei denen das Blut aus der Schädelhöhle in den Wirbelkanal geflossen ist. Die rein spinalen können mit Verletzung des Rückenmarkes kombiniert sein. Meist sitzen die Blutungen auf der ventralen Seite der Rückenmarkshüllen; die intramedullären kommen öfter nach instrumenteller, als nach Spontangeburt vor, hauptsächlich nach Fuß- oder Steißlage, sie sitzen meist zwischen Vorder- und Hinterhorn. Ihre Folgen sind als zystische Hohlräume, aus denen sich möglicherweise Syringomyelien entwickeln, im späteren Alter zu finden.

All diese Momente verteilen die Gefahren des Geborenwerdens nicht ansehnlich stärker auf die instrumentell Geborenen, sie lassen rasch vor sich gehende Geburten, besonders Sturzgeburten mit plötzlich einsetzenden Minderdruck besonders gefahrvoll für das Kind erscheinen.

Wirkliches Neuland bezüglich geburtstraumatischer intrakranieller Veränderungen beim Neugeborenen schufen uns in neuester Zeit Ph. Schwartz und seine Mitarbeiter, durch exakte Untersuchungen an Gehirnen von Kindern frühen Alters, die eine fortlaufende Reihe der für einzelne Entwicklungsstadien charakteristischen Gehirnveränderungen je nach dem Alter der untersuchten Kinder darboten. Neben den bekannten und sehr häufigen pialen und tentoriellen Blutungen fanden sich bei 65% von mehr als 300 Fällen bis zum 7. Säuglingsmonat Blutungen und Erweichungen in der Hirnsubstanz, meist schon mit freiem Auge sichtbar. Die Schädigungen zeigten eine für den Geburtsmechanismus charakteristische Anordnung und ein für das erreichte extrauterine Alter kennzeichnendes Entwicklungsstadium. Die makroskopisch erkennbaren Blutungen (besonders bei Frühgeborenen) kommen in der Mehrzahl durch Zerreißungen der Äste der Vena magna Galeni, in erster Reihe der Vena terminalis, auch der V. cerebri interna, zustande. In 200 Fällen, die das Geburtstrauma um Tage, Wochen, Monate, Jahre überlebt hatten, waren schon mit freiem Auge die Schädigungen bemerkbar. Makroskopisch fallen dieselben als weiße, opake und gelbgraue Fleckchen in der Hirnsubstanz, bei älteren Säuglingen als kreideweiße Verfärbungen auf. Mikroskopisch (Gliafärbung nach Alzheimer-Mann, Alzheimer-Mallory) zeigten die durch das Geburtstrauma hervorgerufenen anämische Nekrosen und Erweichungsherde immer die charakteristischen, pathologischen fetthältigen Zellen. Teils waren es herdförmige und diffuse Auflösungsprozesse im Großhirnmark, die später ein Stadium der Organisation erkennen ließen, teils herdförmige und diffuse Auflockerungsprozesse, und zwar entweder solche mit diffus verstreuten, zerfallenden, isolierten, fettbeladenen Elementen, also Zerfließungsprozessen, oder solche mit vorwiegend bestehen bleibenden, isolierten Gliazellen und proliferierenden strahligen Elementen, Verödungsprozesse. Eine ganze Reihe von weiter vorgeschrittenen Prozessen ließ Porenzephalien erkennen, die auf primäre Hirnschädigungen zurückzuführen waren. Porenzephalien des Großhirns entstehen nach Schwartz, wenn im zentralen oder peripheren Gebiet der Großhirnhemisphären durch primäre Auflösungsprozesse Höhlen entstehen. Zentrale Mark-, Rindensaum-, Rindenblasenporenzephalien sind Bezeichnungen für die verschiedenen, durch Gefäßversorgung bedingten Lokalisationen der Höhlenbildungen. Aber auch diffuse Sklerosen, lobäre Sklerosen, die sogenannte „angeborene Kleinhirnatrophie" hält Schwartz für Endresultate von geburtstraumatisch entstehenden Verödungsprozessen.

Auch die Virchowsche Encephalitis congenita gehört nach Schwartz und anderen Forschern, die seine Befunde bestätigen konnten, zu dem Schädigungskomplex, die fettbeladenen Zellen betrachtet er als Abbau-, nicht als Aufbauzellen. Ceelen, Gohrbrandt lehnen diese Auffassung ab. Eine sichere Klärung der Frage steht noch aus.

All diese Befunde, Blutungen und Erweichungen, sind nach Schwartz durch Eigentümlichkeiten des Geburtstraumakomplexes, durch Druckeinwirkungen auf die Kreislaufgebiete des Zentralnervensystems zu erklären. Durch die Bauverhältnisse des Neugeborenen-Schädels, der beim Menschen lange nicht die Festigkeit zeigt wie beim Tier, sind die großen venösen Blutleiter der harten Hirnhäute beim vorliegenden Kopf der Minderdruckwirkung besonders ausgesetzt. Die Fontanellen sind ja noch weit offen, der Sinus long. ist ungeschützt und die entstehende schwere Stauung schädigt die in ihn mündenden Venen und indirekt die gegen Sauerstoffmangel überempfindlichen Nervenzellen. Die Blutungen entstehen hauptsächlich im Bereich der Äste des V. magna Galeni-Systems: V. terminalis, V. lateralis ventriculi,

Ramus ventricularis der V. basalis, V. chorioidea. Die Erweichungsherde liegen vorwiegend im Großhirnmark; oft werden ausgedehnte Gebiete des Schwanzkerns durch große Blutungen der V. terminalis zertrümmert. Die Verteilung der histologischen Veränderungen entspricht der Gefäßversorgung und ist geeignet, eine Erklärung dafür zu bieten, daß die Mehrzahl der Fälle nur die Markteile der Hemisphären betroffen zeigt. Die paläenzephalen und die Rindengebiete des Großhirns, die vielleicht durch einen anderen Blutkreislauf versorgt werden, bleiben in der Regel verschont oder sind weniger geschädigt. So wäre es verständlich, daß Ventrikelwand, Großhirnrinde, basale Kerne auch bei schwersten Schädigungen der angrenzenden Markgebiete erhalten bleiben.

Nach Schwartz gebührt der traumatischen Geburtsschädigung des Gehirns eine dominierende Rolle in der Pathologie des ersten Kindesalters. Sie zieht ihre Kreise weit über die Grenzen einer Organschädigung, insofern die Probleme der spontanen und reflektorischen Extremitätenbewegungen, der Starre, der Stoffwechselstörungen beim Neugeborenen, die „Lebensschwäche", die „Atrophie" — Yllpö betont schon das Problematische dieses Begriffes — mit in den Kegel ihrer Auswirkungen fallen.

Die durch die Frankfurter Schule aufgedeckten anatomisch-histologischen Veränderungen und die Zusammenhänge zwischen den initialen Auflösungs- und Auflockerungsvorgängen mit den späteren Dauerbefunden von diffusen und lobären Sklerosen, Porenzephalien usw. schaffen für ein weites Feld der verschiedenen anatomischen Zustände und klinischen Komplexe, für die bisnun nur geburtstraumatische Hämorrhagien als ursächliche Quellen in Anspruch genommen wurden, eine neue pathogenetische Basis. Und gerade die Untersuchung solcher Prozesse, aber auch intrakranieller Schädigungen während normaler Spontangeburten, bei denen die Gefahren prolongierten Verlaufes und instrumenteller Intervention auszuschließen sind, fällt um so bedeutsamer ins Gewicht, als dadurch der Wert anamnestischer Angaben über angebliche geburtstraumatische Ursachen von Lähmungsbildern, Epilepsie, Schwachsinn beeinflußt wird.

Ein überaus berücksichtigenswerter Faktor ist die Zugehörigkeit klinischer Krankheitsbilder, die bisher lediglich den Blutungsvorgängen zur Last gelegt wurde, in größerem oder begrenztem Maß, zu den von Schwartz gefundenen nekrobiotischen anatomischen Typen.

Die Symptomatologie intrakranieller Geburtsschädigungen hat bisher fast ausnahmslos primär vaskuläre Prozesse berücksichtigt. Die neueren anatomischen Ergebnisse müssen, worauf Schwartz und seine Mitarbeiter auf Grund ihrer berechtigten Schlüsse und Erfahrungen hinweisen, auch die geschilderten Veränderungen, für die neben sekundär vaskulären Ursachen auch mechanische, Zerrung, Druck, in Betracht kommen, für pathogenetische Erwägungen heranziehen. Vielfach wird eine strenge Scheidung de Faktoren ebenso schwer sein, wie eine Trennung der Mechanismen bei Beurteilung der anatomischen Befunde.

Die Symptomatologie der geburtstraumatischen, intrakraniellen Blutungen beim Neugeborenen muß aus mehrfachen Gründen darauf verzichten, das klinische Bild immer in Herdsymptome aufzulösen, die durch die Lokalisation der Ergüsse allein zu erklären wären, wie es in der Pathologie des Erwachsenen der Fall ist. Mit dem Beginn des extrauterinen Lebens hat das kindliche Nervensystem noch nicht seine funktionelle Reife erlangt, es steht noch dem großhirnlosen Experimentaltiere oder dem Anenzephalus nahe. Wir werden symptomatologisch Allgemeinsymptome, Drucksymptome, daneben Funktionsdefekte oder Funktionssteigerungen seitens bulbärer oder pontiner Zentren finden, werden Ausfälle, wie sie beim Erwachsenen durch Schädigung räumlich beschränkter neenzephaler Regionen zustande kommen, öfters vermissen. Drucksymptome, die durch venöse Hyperämie, primär oder als Folge der Asphyxie, entstehen können, ohne daß es zu Hämorrhagien kommt, dokumentieren sich in erhöhter Fontanellenspannung, Sopor, Zyanose. Ist es zu Blutungen meningealer oder intrazerebraler Art gekommen, so ist das Bild zu Beginn oft ein recht verschwommenes, unklar auch durch die mögliche Kombination von Reizungs- und Lähmungssymptomen. Das Bild ändert sich mitunter, wenn eine anfangs geringfügige Blutung später an Ausdehnung gewinnt und nun typische Drucksymptome auftreten. Nach geringer (oder fehlender) Asphyxie beginnt das lädierte Gefäß zu bluten, es kommt zur Drucksteigerung, diese ruft neuerdings ein Stadium der Asphyxie hervor, durch Reizung des Vasomotorenzentrums entsteht wieder Drucksteigerung, dadurch erneuter Blutaustritt.

Seitz ordnet übersichtlich die Allgemein- und Herdsymptome, soweit dieselben beim Neugeborenen in verwertbarer Prägnanz zu erwarten sind. Die initialen Allgemeinsymptome sind Unruhe, Schreien, Gesichtsverzerrung, Nahrungsverweigerung, schwer auslösbarer Saugakt, Blässe, erhöhte Fontanellenspannung. Auffällige Ruhe besteht nur bei infratentoriellen Hämorrhagien. Im Reizstadium finden sich oft sowohl allgemeine wie lokale Symptome. Unter den allgemeinen figurieren die bulbären Kardinalsymptome: die von Seiten des Vaguszentrums, des Vasomotoren- und des Respirationszentrums. Da das Vaguszentrum offenbar noch geringe Erregbarkeit besitzt, fehlt manchmal die Pulsverlangsamung, doch ist sie oft vorhanden (Cushing, Finkelstein). Im Reizstadium besteht immer tiefe Bewußtlosigkeit. Die Krampfanfälle bieten immer kortikalen Charakter, manchmal an Tetanus erinnernd (Abels), im anfallsfreien Intervall besteht oft Starre. Bestehende Lähmungen sind nicht spastisch. Hypothermie — im Fall Feers lange bestehende Temperaturschwankungen nach oben und unten — als Ausdruck einer ausgesprochenen Störung der chemischen und physikalischen Wärmeregulation, anderseits auch hoch fieberhafte Temperaturen (Yllpö, Langer, Neurath, Finkelstein), Retention des Mekoniums, auch Pupillenstarre, okuläre Propulsion, Atmungsstörungen (schnappende Atemzüge) sind wohl schon als Herdsymptome zu deuten. Nach Yllpö sind bei Frühgeburten das Unvermögen, zu schlucken und das Heubnersche Hampelmannphänomen die sichersten Zeichen der Hirnblutungen.

Wir können mit Seitz symptomatologisch die supratentoriellen, infratentoriellen und schließlich Mischformen auseinander zu halten versuchen, wenn auch, wie erwähnt, die zentrale Lokalisation beim Neugeborenen nicht so exakt durchführbar ist, wie beim Erwachsenen. Seitz hebt als wegweisend für die supratentoriellen Hämorrhagien die deutliche Fontanellenspannung, das stärkere Klaffen der Nähte auf der Seite der Blutung, die größere Unruhe, die geringeren bulbären Symptome, die Blässe der Kinder bei wenig ausgesprochener Zyanose hervor. Als verläßlichere Lokalsymptome betont er die Ungleichheit der Schädelhälften, besonders die stärkere Dehnung des einen Schenkels der Lambdanaht, die häufigere Einseitigkeit der Erscheinungen. Infolge des Platzens des lädierten Gefäßes nahe seiner Einmündung in den Sinus longitudinalis fließt das Blut entsprechend seiner Schwere nach hinten und seitlich gegen die Basis. Dementsprechend wird in der Regel das tiefst gelegene kortikale Fazialiszentrum am ärgsten betroffen, weniger Arm- und Beinzentrum. Das Fazialiszentrum reagiert in der Regel von vorne herein mit Lähmung der kontralateralen Gesichtsmuskeln. Die zentrale Fazialisparese unterscheidet sich von der peripheren durch ihr allmähliches Auftreten und Stärkerwerden, während die periphere, auf die ja mitunter Zangenspuren hinweisen, sofort bemerkbar ist und nach und nach zunimmt. Vorausgehende Krämpfe im Fazialis, namentlich aber der Hinweis auf andere Hirndrucksymptome (Okulomotorius) sprechen für zentrale Störung. Weniger verläßlich sind Ausfall oder Reizsymptome seitens der Extremitäteninnervation, wobei meist beide Seiten betroffen erscheinen. Maßgebend für die Seitenlokalisation ist die beginnende Seite und die stärkere Intensität. Das Hypoglossuszentrum ist mit dem ihm naheliegenden Fazialiszentrum meist mitbetroffen (Abweichen der Zunge nach der gelähmten Seite). Krämpfe im Sternocleidomastoideus bestehen oft gleichzeitig mit einer Fazialisaffektion infolge Reizung des Akzessoriuszentrums. Die Beurteilung des Sternocleidomastoideus ist oft dadurch erschwert, daß bei Lähmung des einen der andere kontrahiert erscheint. Die kortikalen Zentren der Kaumuskeln (Trigeminus) liegen am hinteren Ende der zweiten und dritten Stirnwindung vor dem Fazialiszentrum. Manchmal kommt es durch ihre Reizung zum Trismus, doch scheint häufiger, wie beim Fazialis, sofort die Lähmung platzzugreifen. Die bilaterale Innervation vieler Augenmuskeln verringert den Wert der Augensymptome für die Seitelokalisation (Strabismus, Nystagmus, Miosis). Maßgebend ist Zucken oder Lähmung des Levator palp., die für gleichseitige Blutung verwertet werden kann, da die Hauptmasse der Okulomotoriusfasern ungekreuzt verläuft. Im allgemeinen, wenn auch nicht ausnahmslos, gilt dies für die Miose. Die Verwertung von Innervationsstörungen der motorischen Gesichtsmuskeln (Okulomotorius, Trochlearis, Abducens) für basale Blutungsschädigungen trifft nicht immer zu, da ihre Austrittsstellen in der Regel fernab von den gewöhnlichen Blutungen liegen, maßgebend erscheinen die motorischen Rindenzentren.

Die klinischen Bilder nach Blutungen in die hinteren Regionen der Schädelhöhle, also nach infratentoriellen Ergüssen, die hauptsächlich aus den Quellen der zum Sinus transversus strebenden Venen stammen, sind, soweit nicht plötzlicher Tod die Folge ist, durch Einwirkung auf Kleinhirn und Oblongata, sowie durch Abfließen des Blutes in den Spinalkanal zu erklären. In diesem Fall finden sich Nackenstarre, Krämpfe, Extremitätenlähmung und es fördert die Lumbalpunktion flüssiges Blut, wenn die Blutung rezent ist; phagozytierte Erythrozyten sprechen nach Bernheim-Karrer für länger bestehende subarachnoidale Blutungen. Die Lumbalpunktion, die bei supratentoriellen Ergüssen nur leicht blutigen Liquor, bei infratentoriellen reichlich bluthältigen ergibt, hat nach Sharpe nur in der ersten Lebenswoche diagnostischen Wert, da das Blut nach dieser Zeit koaguliert. Das klinische Bild wird durch auffallende Ruhe und Schlafsucht, Versagen des Atemzentrums, Zyanose beherrscht. Die Fontanelle ist zu Beginn kaum gespannt, später deutlicher infolge kollateralen Ödems des Großhirns und erst dann entwickeln sich allgemeine Hirndrucksymptome, bilaterale Krämpfe, Nackenstarre, Opisthotonus, tonische Krämpfe in den Extremitäten, die infolge Blutgehaltes des spinalen Liquors und dadurch bedingte Reizung der spinalen Wurzeln stärker hervortreten können als bei supratentoriellen Blutungen.

Bei Ventrikelblutungen endlich imponiert infolge primär erhöhten intrakraniellen Druckes die vermehrte Fontanellenspannung, die Unruhe und, da das Blut nach dem vierten Ventrikel oder durch das Foramen Magendie an die Oblongata gelangt und in den Spinalkanal, die Schädigung des Atemzentrums (Zyanose). Die Konvulsionen gleichen denen bei infratentoriellen Hämorrhagien.

Die Symptomatologie kombinierter supra- und infratentorieller Blutungen ist eine gemischte, ein Parallelgehen ihrer klinischen Erscheinungen. Blutungen in die großen basalen Ganglien machen selten schon im rezenten Stadium lokalisatorisch verwertbare Erscheinungen. In einer meiner Beobachtungen bestanden Dauerstörungen der affektiven Mimik. Später können striäre oder pallidäre Komplexe auf hämorrhagische (oder andersartige) lokale Schädigungen deuten.

Ganz kurz sei noch auf gewisse Begleiterscheinungen intrakranieller Blutungen hingewiesen, so auf die unter hohem Fieber und lange dauerndem Ikterus einhergehende Prostration, die Finkelstein und ich selbst beobachten konnten; es handelt sich mit großer Wahrscheinlichkeit um Resorptionssymptome. Weiter auf die im Gefolge von Hirnblutungen vorkommenden Hämorrhagien in den Magendarmtrakt, für die nicht eine hämorrhagische Diathese oder angeborene Syphilis obligat in Betracht kommen kann, sondern eine Abhängigkeit von der intrakraniellen Blutung oder den Schwartzschen zerebralen Veränderungen öfters wahrscheinlicher ist.

Daß geburtstraumatische Hirnblutungen auch den Sehapparat schädigen können, beweisen die Befunde Pauls, der unter 200 ophthalmoskopisch untersuchten Neugeborenen bei engem Becken in 50%, bei Frühgeborenen in 40%, bei komplizierter und protrahierter Geburt ebenfalls in 40% und bei regelmäßiger Geburtsdauer in 20% Retinalblutungen fand. Damit stehen die Erfahrungen von Stumpf und Sicherer in Einklang.

Was das klinische Bild der von Schwartz und seinen Mitarbeitern untersuchten Hirnveränderungen betrifft, so läßt sich dasselbe umso schwerer von dem bei Blutungen immer auseinanderhalten, als, wie schon erwähnt, beim Neugeborenen die relative Funktionsuntüchtigkeit des Zentralnervensystems auch bei Schädigung von Innervationszentren, die beim Erwachsenen lokalisatorisch verwertbare Ausfalls- oder Reizerscheinungen verursachen, mit hauptsächlich allgemeinen Erscheinungen reagiert, die auch bei diffusen Veränderungen, wie Auflockerung oder Auflösung, zu erwarten und zu finden sind, und solche Veränderungen überaus oft mit Blutungen kombiniert vorkommen.

Doch haben, ausgehend von dem Gesichtspunkt, daß die anatomischen Befunde und die wirkenden Mechanismen bei den geburtstraumatischen Schädigungen des Neugeborenengehirns eine gewisse Parallele mit den Verhältnissen bei der Gehirnerschütterung des Erwachsenen bieten, Berberich, Wiechers, Voß und Schwartz ausgedehnte Untersuchungen des Gleichgewichtsapparates bei Neugeborenen und jungen Säuglingen vorgenommen und den Spontannystagmus sowie kalorische Unter- resp. Unerregbarkeit des Vestibularapparates als verläßliche Symptome für intrakranielle Geburtsschädigungen erweisen können. Der Nystagmus wechselt meist mit nystagmusfreien Intervallen, durch leichte Seitwärtsdrehung des Kopfes kann er leicht zur Auslösung kommen; es besteht in der Regel ein horizontaler, in 4 von den untersuchten 100 Fällen fand sich ein vertikaler Nystagmus. Intensität und Dauer der Nystagmusperioden erwiesen sich um so größer, je weniger Zeit seit der Geburt verflossen war, und gingen parallel der durch den Geburtsverlauf bedingten Schädelkonfiguration, waren aber verläßlichere diagnostische Momente als diese, da die „Konfiguration" in drei bis vier Tagen schwindet. Ein Zusammenhang zwischen Schädeldeformität und Nystagmus einerseits, Dauer der Austreibungsperiode anderseits ließ sich statistisch erhärten. Die Konfiguration des Schädels bedingt die Konfiguration des Gehirns. Besonders kennzeichnend ist das Bestehen des Spontannystagmus und das Fehlen der kalorischen Erregbarkeit bei etwas älteren Säuglingen, die durch ihre Unruhe, Neuropathie, Fraisen, anderseits vielleicht durch Apathie, Sopor, Starre, Unbeweglichkeit auffallen. Diese, bei Neugeborenen und Säuglingen gefundenen Vestibularreaktionen, deren diagnostischer Wert in 22 Sektionsfällen von Schwartz mit bereits makroskopischen Gehirnherden bestätigt werden konnte, sind in ganz derselben Form auch bei älteren Idioten, bei Epileptikern und bei Littleschen Lähmungen fast regelmäßig vorhanden.

Sollte sich bei der Nachprüfung an größerem Materiale von Lähmungen, Epilepsie, Schwachsinn der Wert der Vestibularreaktion bestätigen, dann böte sich in derselben ein wichtiger Behelf für die Erkenntnis der ätiologischen Bedeutung des Geburtstraumas.

Die Symptomatologie der Rückenmarksblutungen, die bei geringfügiger Ausdehnung klinisch unerkannt bleiben können, ist bei größerem Ausmaß die schlaffer Lähmungen, besonders der unteren Extremitäten, seltener auch der oberen, manchmal kombiniert mit ödematöser Schwellung, oft mit Blasen-

und Mastdarmlähmung. In späteren Stadien läßt sich Entartungsreaktion und Sensibilitätsstörung finden. Bei Blasenlähmung kommt es recht häufig zur aufsteigenden Infektion der Harnwege. Massige, hämorrhagische Zerstörungen des Marks können das Bild einer Querschnittsmyelitis verursachen. Die traumatische Hämatomyelie soll der Ausgangspunkt späterer Syringomyelie sein können. Die Prognose ist meistens eine recht aussichtslose, wenn auch die Heilungsmöglichkeit nicht ausgeschlossen ist.

Mit der Besprechung des Verlaufes und der Prognose intrakranieller, gebietstraumatischer Schädigungen begeben wir uns auf ein recht schwankendes Gebiet, dessen Unsicherheit durch die Differenz der statistischen Ergebnisse der Klinik einerseits, der Anatomie anderseits, der Erfahrungen der Geburtshelfer einer-, der Pädiater und Neurologen anderseits gegeben ist. Geburtshilfliche Stationen verzeichnen in einer geringen Häufigkeit und nur bei schwerem Geburtsverlauf Schädigungen des Neugeborenennervensystems, Sektionsprotokolle vermissen sie so gut wie nur ausnahmsweise bei intra partum verstorbenen Kindern. Diese Differenzen der Erfahrungen spiegeln sich mit einer bis zur Ermüdung regelmäßigen Wiederholung in der Literatur. Wenn angeregt durch die Littlesche Theorie Kinderärzte und Neurologen ihr Material der verschiedenen zentral-nervös bedingten Affektionen, der Fälle von zerebraler Kinderlähmung differenter Typen, von Epilepsie, von Schwachsinn nach anamnestischen Hinweisen auf erschwerte, verzögerte, mit Aphyxie einhergehender Geburt, sichten, so finden sie die geburtstraumatische Ätiologie so gut wie immer bestätigt. Manche, besonders kritisch vorgehende Forscher (Hannes, Finkelstein, Ibrahim) kommen allerdings lange nicht zu einem so sicheren Urteil.

Die Mortalitätskurve des ersten Lebensjahres zeigt einen auffallenden Hochstand der ersten Tage, der steil abfällt, den Ausdruck der immensen Opfer, die das Geburtstrauma fordert. Sicher steht, daß ein großer Prozentsatz von Totgeborenen und während oder bald nach der Geburt Verstorbenen Geburtsschädigungen des Gehirns erliegen. So fand z. B. Sänger bei 100 Sektionen Neugeborener, vorwiegend ausgetragener Kinder in 46 Fällen schwere intrakranielle Blutungen, die den Tod veranlaßt hatten, in 27 Fällen leichtere Blutungen, bei denen die Blutung allein vielleicht nicht immer die Todesursache abgegeben hat.

Ohne die numerisch variierenden, im Wesen gleichsinnigen vielfachen Angaben erschöpfend zu verwerten, läßt sich die große Morbidität und Mortalität an Gehirnschädigungen der Neugeborenen als feststehend betrachten. Dabei erscheinen die Knaben stärker betroffen als die Mädchen, wohl infolge des im Durchschnitt größeren Kopfumfanges. Wenn klinische Erfahrungen sich mit den anatomischen in Bezug auf die Häufigkeit nicht ganz decken, so liegt dies zum Teil an der Tatsache, daß die Schädigungen, die Hämorrhagien, nicht immer letale sind, ja daß eine scheinbare oder vollständige Ausheilung (Resorption) der Ergüsse selbst bei den mit Hirnsymptomen einhergehenden Fällen nicht zu den Seltenheiten gehört. Aber auch bei den im Beginn günstig sich anlassenden Fällen sind, wie Finkelstein richtig mahnt, dauernde

Nachteile nicht auszuschließen. Besonders gefährdet erscheinen Frühgeborene, wie sowohl Erfahrungen an Neugeborenen wie an älteren Kindern erweisen. Nach Yllpö sterben wenigstens 30% aller Frühgeburten an Gehirnblutung. Im späteren Alter bietet sich nach Ansicht mancher der Littlesche Komplex häufig dar, doch verhalten sich einige Autoren diesbezüglich reserviert (Küstner, Burckhardt, Finkelstein, der die Seltenheit nervöser Komplikationen aus eigener Erfahrung betont). Wall sah bei Frühgeborenen Littlesche Krankheit und geistige Störungen nicht öfter als bei Normalgeborenen.

Prognostisch hält Seitz quoad vitam und quoad sanationem die Fälle für günstig, in denen allgemeine Konvulsionen fehlen, also lediglich lokale Einwirkungen in bestimmten Bereichen der Großhirnhemisphären durch ein beschränktes Hämatom, durch Kontusion, durch eine Knochenimpression vorliegen, doch kommen Ausnahmen auch in solchen Fällen vor. Bei allgemeinen Konvulsionen und Hirndrucksymptomen (Fontanellenspannung) ist die Prognose nur mit Vorsicht zu stellen; es können täuschende Remissionen vorkommen.

Was die Prognose der von Schwartz und seinen Mitarbeitern beschriebenen Gehirnschädigungen anbelangt, sprechen schon ihre Häufigkeit, ihre Nachweisbarkeit bei fehlenden klinischen Auffälligkeiten und schließlich die Änderung des Bildes im Sinne von Reparationen je nach der seit der Geburt verflossenen Zeit für eine Reparationsmöglichkeit, ja für eine große Häufigkeit einer Regression oder Reparation. Ein prognostischer Schluß wird die mit den anatomischen Vorgängen in gewisser Parallele stehenden klinischen Symptome zu werten haben.

Von den späteren Folgen der von ihm gefundenen Veränderungen hebt Schwartz nervöse, Aufwuchs-, Erregbarkeitsstörungen hervor. Er erwähnt eine Form der unaufhaltsam fortschreitenden Verkümmerung als eine nunmehr anatomisch faßbare, durch Geburtsschädigung entstandene „traumatische, zerebrale, progressive Atrophie der Säuglinge“ aus der Gruppe der bisher ätiologisch und anatomisch unklaren Erkrankungen der Neugeborenen. Epilepsie, Idiotie, „angeborene“ Lähmungen, der „physiologisch“ positive Babinski-Reflex, Ulzera im Verdauungstrakt, Stoffwechselstörungen wären als wahrscheinliche oder problematische Folgen der beschriebenen Hirnschädigungen in Betracht zu ziehen.

Im allgemeinen hat die Prognose intrakranieller Geburtsschädigungen für das spätere Alter, wie für die ersten Lebenstage die Rückständigkeit des Neugeborenengehirns nach Entwicklung und Funktionstüchtigkeit zu berücksichtigen. Diese erklärt das bunte Symptomenbild zerebraler Kinderlähmungen, auf deren Einzelheiten einzugehen hier nicht möglich ist. Es genüge nur der Hinweis auf den unfertigen Gewebsaufbau, der initial und in der späteren Folge den Befund beeinflußt. Ein knappes Resümee finden wir bei Capon.

Der Zusammenhang späterer Dauerzustände zerebraler Hemi- und Diplegien, aber auch von Epilepsie, Schwachsinn (Schott, Dollinger), von einzelnen Typen der Pseudobulbärparalyse mit geburtstraumatischen meningealen Blutungen und Hirnläsionen kann dadurch verschleiert werden, daß nach Erholung vom initialen Schock ein mehrmonatiges Intervall möglich ist, das vom verschiedenen Entwicklungszustand der einzelnen Hirnpartien abhängig ist. Wenn auch, wie bei Besprechung der einzelnen, durch die Lokalisation der Blutungen bedingten Herdläsionen hervorgehoben wurde, streng lokalisierte Läsionen Reiz- und Lähmungsphänomene verursachen können, so ist doch physiologisch das Gehirn des Neugeborenen nur teilweise funktionsfähig, es besteht fast nur aus grauer Substanz, das Myelin ist nur stellenweise entwickelt, nur dort, wo sofortige und lebenswichtige Funktionen vonnöten sind, Respiration, Zirkulation, Ernährung, Reflexe, Saugakt. Anderseits sind die Fasern des Frontal-, Okzipital-, Temporallappens, die Kommissuralfasern nicht myelinisiert, sie sind es erst einige Zeit nach der Geburt, daher fehlen ihre afferenten und efferenten Impulse und die kontrollierten motorischen Aktionen sind nicht möglich.

Beim normalen Neugeborenen ist der nervöse Mechanismus hauptsächlich von der Med. obl. und vom Rückenmark versorgt. Bei mangelnder Entwicklung der psychomotorischen Zentren beherrschen die Reflexe das Leben. Demnach müssen Läsionen der Oblongata und der tieferen Zentren beim Neugeborenen Erscheinungen verursachen. Läsionen der Rinde können oft erst später klinisch manifest werden, in frühester Kindheit, bei rückständiger Entwicklung des Gehirns, sind die kortikalen Zentren als stumm zu bezeichnen. Die Oblongata aber ist sofort aktiv. In den Fällen, in denen Diplegien vor Ende des dritten Lebensmonats bestanden, zeigten sich Symptome geschädigter Oblongata, Dysphagie, Saugschwierigkeit, Aphonie, Gaumenlähmung. Die hohe unmittelbare Mortalität nach infratentoriellen Hämorrhagien und Oblongataläsion ist die Erklärung für die Seltenheit solcher Vorkommnisse.

Bezüglich des letzten Effektes der Geburtsblutungen auf die physiologische Entwicklung des Kindes verweist Capon auf die nach solchen Läsionen später und inkomplett eintretende Suprematie der Rinde, wodurch die Bewegungen und charakteristischen Reflexe der frühen Kindheit für einige Jahre oder permanent bestehen bleiben. Das Verhalten des Neugeborenen und des älteren Kindes, deren Kortex bei der Geburt geschädigt wurde, entspricht dem entrindeter Tiere. Ihre Muskeln sind kraftlos, sie atrophieren nicht, können sogar hypertrophieren, ihre Bewegungsdefekte sind auf eine in Unordnung geratene Innervation zurückzuführen, die eine gleichzeitige Kontraktion der Antagonisten mit sich bringt.

Derartige Gesichtspunkte erklären zum Teil die Vielgestaltigkeit der Bilder zerebraler Kinderlähmungen, soweit dieselben in die ätiologische Gruppe geburtstraumatischer Schädigungen, also der Littleschen Ätiologie zu rechnen sind.

Die Prophylaxe der intrakraniellen Geburtsschädigungen findet uns ziemlich machtlos. Es kommt ja lediglich die Befolgung schonendster Maßnahmen im Interesse des Kindes während der Geburt in Betracht, die nicht immer mit den für das Interesse der Gebärenden indizierten Maßnahmen sich decken.

In das Gebiet der Prophylaxe gehört die Vermeidung Schultzescher Schwingungen bei Frühgeborenen, die zu Hirnblutungen und zur Vermehrung schon bestehender Blutergüsse veranlassen können.

Therapeutisch steht uns ein bescheidenes Arsenal, das außerdem in seinen Wirkungen als fraglich bezeichnet werden kann, zur Verfügung. Zunächst empfiehlt sich (Seitz) bei allen scharf umschriebenen Herdaffektionen die auf eine lokale Blutung hinweisen, ein abwartendes Verhalten. Dazu berechtigt die Erfahrung, daß Extravasate bis auf kleine Reste resorbiert werden können, die Quetschungen vernarben können und die Symptome zurückgehen. Wenn Knochenimpressionen bestehen, mag der Versuch, durch Druck auf die Schädelknochen in entsprechender Richtung oder, wie Baumann empfiehlt, mittels Korkziehers die Depression zu beheben, könnte unter Umständen auch eine Trepanation in Betracht gezogen werden. Übrigens kommen derartige Impressionen in der Regel zum spontanen Rückgang.

Bei Fällen mit allgemeinen Hirndrucksymptomen empfiehlt sich ebenfalls zunächst nach Seitz konservatives Abwarten, Vermeiden aller Reize, die leicht Konvulsionen mit ihren drucksteigernden Folgeerscheinungen auslösen können, bei Nahrungsverweigerung Sondenernährung behufs Verhütung einer Schluckpneumonie, bis zur Erholung, bei deren Ausbleiben der Tod innerhalb drei bis vier Tagen zu erwarten ist. Erweist sich die Blutung als progressiv, so erfolgt bei konservativem Verhalten der Tod infolge behinderter Blutversorgung und dadurch ausgelöster Drucksymptome. Zur Herabsetzung der allgemeinen Erregbarkeitssteigerung kommen Kühlapparate auf den Kopf, Narkotika (Chloral, Brom) in Betracht.

Bei nicht zu voluminösen intrakraniellen Hämorrhagien und geeigneten Lokalisationen könnte die Fontanellenpunktion in Erwägung gezogen werden. In neuerer Zeit wurde mehrfach bei Konvexitätshämatomen die Freilegung und Ausräumung empfohlen. So von Cushing, Simon, Seitz, Henschen. Cushing legt durch hufeisenförmigen Weichteilschnitt, dessen Konvexität gegen die Pfeilnaht gerichtet ist, die Ränder des Scheitelbeines frei und umschneidet dieses hufeisenförmig etwas nach innen vom freien Knochenrand, klappt den Knochen nach Ablösung der Dura nach außen um, spaltet die Dura und räumt das Hämatom durch Berieselung mit NaCl-Lösung aus. Unter 9 Fällen, von denen 3 doppelseitig waren und 2 zweimal operiert werden mußten, hatte er 4 Erfolge. Dem Eingriff kommt nicht nur eine lebensrettende, sondern auch insofern eine anderssinnige prophylaktische Bedeutung zu, als im Falle von Erholung des Kindes die späteren Folgen, Lähmungen, Epilepsie, Schwachsinn hintangehalten werden. Der Neugeborene erweist sich sowohl dem Geburtstrauma, wie dem Operationstrauma gegenüber als überaus tolerant. Auch Seitz empfiehlt in geeigneten Fällen die Trepanation nach einer von ihm angegebenen Methode. Bei allen derart erzielten Erfolgen bleibt es immer fraglich, inwieweit schon spontan zur Ausheilung geneigte und bestimmte Fälle unter den operativen Erfolgen figurieren.

Bei Erscheinungen, die auf Ventrikelblutungen hinweisen, kommt die Ventrikelpunktion in Erwägung. Bei infratentoriellen Ergüssen, bei denen die Trepanation keine Aussicht auf Aufdeckung der Blutungsstelle hat, wird die Lumbalpunktion von mancher Seite (Devraigne, Brady, Lippmann, Green, Gordon, Seitz, Finkelstein, Towne-Faber, Vaglio, Balard) zur Druckentlastung empfohlen. Doch bleibt zu erwägen, ob nicht eine zu plötzliche Druckherabsetzung eine Nachblutung nach sich ziehen kann.

Die Frage nach der Wirksamkeit die Blutgerinnung erhöhender Mittel, wie Normalserum, Pepton, Gelatine, Adrenalin, ist noch unbeantwortet. Wing empfiehlt subkutane Injektion von Menschenserum, 100 cm^3 in vier Injektionen innerhalb der ersten 24 Stunden.

Sie sehen, daß die alten Erfahrungen über die geburtstraumatischen Schädigungen des kindlichen Zentralnervensystems, durch neue interessante Befunde ergänzt, für den Arzt noch immer Probleme bergen, die der Mühe des Forschers wert sind. Aber über den einzelnen Fall hinaus erheischt die große Gefahr des Geborenwerdens auch die Aufmerksamkeit der Bevölkerungswissenschaft. Sind es doch ungezählte Hekatomben, die in dieser kurzen Spanne ihrer Entwicklungslinie dem pathologischen, aber auch dem physiologischen Mechanismus der Geburt zum Opfer fallen.

GPSR Compliance
The European Union's (EU) General Product Safety Regulation (GPSR) is a set of rules that requires consumer products to be safe and our obligations to ensure this.

If you have any concerns about our products, you can contact us on

ProductSafety@springernature.com

In case Publisher is established outside the EU, the EU authorized representative is:

Springer Nature Customer Service Center GmbH
Europaplatz 3
69115 Heidelberg, Germany

www.ingramcontent.com/pod-product-compliance
Lightning Source LLC
LaVergne TN
LVHW042241190726
843491LV00003BA/1187

* 9 7 8 3 7 0 9 1 5 1 8 9 1 *